AF496699

QUELQUES QUESTIONS

D'AGRICULTURE

Par M.***

SE VEND UN FRANC,

AU PROFIT DES SALLES D'ASILE.

A NANTES,

CHEZ Mlle DAUVIN, LIBRAIRE RUE CRÉBILLON, N° 22.

IMPRIMERIE W. BUSSEUIL, RUE SANTEUIL, 8.

INTRODUCTION

On ne s'est jamais plus, en apparence surtout, occupé du peuple que dans la période qui s'est écoulée depuis 1830, je dis, en apparence, sans suspecter les intentions de personne. Il y a gloire, honneur à bien faire, c'est pourquoi la mauvaise foi en pareille matière ne se présume pas et ne saurait se présumer. Nous voulons tous sincèrement et de bonne foi, je veux le croire, le bonheur du peuple.

Le clergé veut le bonheur du peuple ; mais son influence ne se combine pas, comme on pourrait le désirer avec celle du pouvoir temporel et elle ne saurait empêcher les paysans bretons d'être livrés à l'ivrognerie, à l'ignorance, à un mode de culture arriéré, et par conséquent à la misère qui en est presque toujours la suite inévitable.

La religion est un levier puissant dont le point d'appui n'existe pas; le mal qu'elle empêche est immense; mais devant les améliorations matérielles, son pouvoir s'arrête et s'annihile; et pourtant la religion chrétienne a en elle plus que toute autre, le germe de toute morale, le fondement de toute sociabilité sans laquelle le bonheur d'une nation ne saurait exister.

Les journaux parisiens qui ont la prétention de représenter l'opinion publique, et plus souvent encore, de la guider, veulent le bonheur du peuple; mais quand on a retranché d'un journal quotidien les discussions politiques, les premiers-Paris, l'attaque ou l'apologie obligées du ministère en exercice, les discussions des chambres, les nouvelles extérieures, les procès célèbres, le chapitre des crimes et des phénomènes, les annonces, les réclames et ce qu'on est convenu d'appeler les puffs littéraires et autres; que reste-t-il pour la discussion des intérêts matériels? Pas grand chose: quelques miettes tombées du grand banquet de la publicité; ces miettes, ce sont quelques articles isolés ou la politique montre toujours le bout de l'oreille, et qui par ce seul motif sont combattus par toutes les opinions opposées; ce sont quelques petites améliorations isolées, sans suite, sans portée, sans corrélation avec ce qui existe, et ce qu'il faut accepter, ou bien encore quelques utopies ou rêves creux inexécutables, ou bien enfin quelques innovations utiles, mais défendues mollement, traitées, faute de mieux, dans le cas de disette d'actualités, sans passion surtout, et présentées souvent de telle sorte, qu'elles semblent n'avoir pour but que de créer un embarras au pouvoir existant.

Il est vrai que nous avons eu encore à offrir au peuple comme éléments de bonheur, la réforme électorale, le vote universel, le fouriérisme, le saint-simonisme, l'église française, etc. Mais, je l'avoue, je ne vois pas bien comment toutes ces choses auraient pu donner au peuple ce que je lui souhaite avant tout, de la moralité, du bon pain, de la bonne viande et des vêtements chauds pour l'hiver.

Je crois aussi aux bonnes intentions du pouvoir en général; mais si on divisait l'histoire du pouvoir comme celle de l'église, nous trouverions facilement le pouvoir *militant* et le pouvoir *souffrant*, être persécuté, combattre, discuter, rompre sans cesse des lances avec toutes les coteries, voilà le présent : reste-t-il au pouvoir le temps de gouverner ? C'est tout au plus, mais quant à celui d'administrer, il n'y faut pas songer sérieusement. Tant de qualités sont nécessaires pour arriver au pouvoir et pour s'y maintenir, que l'organisation même la puls riche ne peut guère donner au-delà.

Quant au génie créateur et réformateur dans la bonne acception du mot, il existe sans doute; mais ceux qui en possèdent une parcelle quelconque, n'ont pas à leur tour les qualités qui font les hommes du pouvoir, et ils ont tout à la fois la puissance de la pensée et l'impuissance de leur position.

Depuis quatorze ans, la plus haute question d'État, celle qui a constamment dominé toutes les autres, a été de savoir par qui nous serions gouvernés, si ce serait par M. Thiers ou M. Molé, par M. Guizot ou M. Barrot; depuis quatorze ans la question n'a pas fait un pas, de sorte que le gouvernement représentatif ressemble beaucoup à un roman, dont la préface, après s'être infiniment trop prolongée, paraît devoir absorber le roman lui-même tout entier.

Pourquoi n'en finirait-on pas une bonne fois pour toutes par un ministère de coalition? Est-il donc absolument nécessaire qu'une seule idée domine dans le cabinet, et l'homogénéité ne conduit-elle pas à l'exclusion d'opinions différentes qui gagneraient peut-être à se combiner? — Puis le système de la majorité n'est-il pas là comme à la chambre, la première base du gouvernement représentatif. Il n'y a pas même à craindre que les idées plus ou moins avancées d'une minorité soient étouffées par une majorité stationnaire et systématique ; car la minorité ne manquerait pas, dans le parlement, d'amis prêts à user en leur nom du droit d'initiative attribué aux chambres simultanément avec le pouvoir exécutif. — Lorsque les questions de cabinet cesseraient d'être les questions dominantes ou absorbantes, les questions matérielles pourraient à leur tour gagner en sérieux et en application studieuse ce que les autres perdraient ; l'indépendance de chaque membre dégagée de la préoccupation des revirements ministériels deviendrait entière, et on pourrait sans secousse, et par la seule force des choses, espérer de bonnes lois, et surtout des traités de commerce moins désastreux que ceux qui jusqu'à ce jour ont régi nos rapports avec l'étranger.

Mais peut-être je m'abuse ; peut-être le remède n'est-il pas là ; ces réflexions ne sont point faites dans un but d'actualité politique ; c'est la situation ministérielle telle que je l'ai comprise dans tous les temps, peut-être même mal comprise, je le répète. — Cependant si on examine la plaie du paupérisme, le malaise de la classe travailleuse en général, la misère d'une grande, d'une immense partie de nos cultivateurs, l'organisation vicieuse des ouvriers, et celle plus vicieuse de leurs enfants, condamnés au travail, à l'immoralité et au crétinisme dès le berceau, on s'écrie qu'il y a quelque chose à faire, on le dit, on l'écrit partout, mais on ne fait rien ; je me trompe ; on replâtre.

Premier Exemple : — Si on se plaint du manque de travail, on imagine d'immenses, de gigantesques travaux, des chemins de fer, des fortifications ; mais c'est là du replâtrage ; car il ne s'agit là que d'un travail exceptionnel qui, une fois terminé, laissera les choses dans une situation pire encore que celle ou il les aura trouvées.

Deuxième Exemple : — Si on se plaint trop ouvertement de l'infériorité exorbitante dans laquelle notre marine marchande agit

par rapport à celles des autres puissances dans le mouvement de
de nos importations et de nos exportations, vite on vote cent
millions pour l'amélioration de nos ports ; tantôt l'un est favorisé, tantôt c'est l'autre ; — le port favorisé le premier, et que
j'appellerai port n° 1, se réjouit croyant enlever quelques expé-
ditions à son voisin le n° 2, sans songer qu'un port n° 3, favorisé à son tour, lui enlevera cet espoir. — C'est qu'en effet nous
mettons la charrue avant les bœufs ; tous les ports possibles
n'augmentent pas le mouvement de la navigation, et nous aurons
bientôt plus de bassins que de navires ! Pendant ce temps là,
notre navigation intérieure, nos canaux surtout, sont admi-
nistrés de telle sorte qu'un chargement de charbon, venu du
nord de l'Écosse, coûte moins de fret pour venir à Nantes que
la même chargement venant du bassin houillier de Saint-
Étienne, et moitié moins qu'un chargement venant des mines
du Nord !!!

Depuis quatorze ans nous en sommes là, et cependant nous
n'avons pas seulement un gouvernement, nous avons des sociétés philantrophiques et scientifiques, des congrès de tout genre
et de toute espèce ; — Dans beaucoup de ces sociétés, en
lisant des comptes-rendus, j'ai souvent vu d'importantes questions traitées avec talent, des améliorations essentielles mises
à jour avec la plus grande lucidité ; quel est encore sur ce point
le vice organique qui fait que les idées les plus généreuses
passent si vite à l'état de mort-né ? Cela tient à ce que l'académie des sciences morales et politiques ou tout autre centrale
ne devrait pas avoir seulement pour objet de classer quelques
hautes notabilités, mais que ces hommes éminents devraient
avoir pour première action de se compléter dans les spécialités
qui leur manquent, et pour premier but, de suivre avec attention les différents travaux dont je viens de parler, d'en
extraire les parties saillantes, de les mettre en lumière, et enfin
lorsque des idées leur paraîtraient bonnes dans leur application,

d'en poursuivre l'exécution devant les grands corps de l'État, de l'appuyer de leur haute influence, et de s'en faire les parrains. — Enfin, l'académie ou l'association dont je veux parler, serait, à proprement parler, le conseil d'état *des progrès matériels*.

Je crois que les travaux de tous les hommes éclairés auraient ainsi le lien, l'unité qui leur manquent, et qu'on ne verrait plus d'heureux et d'intelligents efforts frappés d'une stérilité depuis si longtemps manifeste.

Un fait récent vient prouver la vérité de mon assertion. — Une question importante, celle des retraites des classes ouvrières, est, je ne dirai pas éclose, puisqu'il existe des associations de cette nature formées depuis plus d'un siècle, mais elle est venue à l'état de maturité. — C'est une haute amélioration sociale que le moment est venu de cueillir. Ce que le pouvoir entraîné par le courant des affaires publiques n'aurait pu qu'ébaucher, une commission éminente s'occupe de le conduire à bonne fin.

Les noms de MM. Molé, Bignon, Michel Chevalier, etc., etc., sont une immense garantie pour le pays; mais pourquoi une commission qui paraît par sa nature être temporaire et n'avoir qu'une question à traiter, ne deviendrait-elle pas permanente et n'agrandirait-elle pas la mission qu'elle s'est donnée? Le progrès, pour être complet demande cette réforme; que le comité fasse un appel aux idées; l'appel venant de si haut sera entendu; bien des pages lui parviendront; beaucoup d'inutiles sans doute, mais qui sait? Pourquoi quelques bonnes ne surgiraient-elles pas? et le doute lui-même ne serait-il pas un motif pour que l'essai en fût tenté? Ce que je trouverais bon que d'autres fissent, j'ai dû le tenter moi-même, et je livre au public les quelques réflexions qui vont suivre, et pour lesquelles je réclame toute l'indulgence due à un premier essai. Heureux si le fonds pouvait, par l'intention au moins justifier la forme, heureux enfin, s'il m'était permit de dire comme Esope : *Ne faites pas attention à la beauté du vase, mais à ce qu'il contient.*

LIVRE PREMIER.

CHAPITRE Ier

DE L'AGRICULTURE.

Le commerce et l'industrie ne procurent à une nation qu'une richesse fictive. — Le commerce extérieur est pour la France une affaire de dupes; si nous exportons 600 millions nous recevons en échange 900 millions, de sorte qu'en définitive nous nous appauvrissons de 300 millions; qui les paie? L'agriculture; — le commerce coûte au budget plus de 100 millions, si on y comprend les travaux publics, ports, canaux, marine, etc., destinés à l'alimenter ou à le protéger; qui paie encore ces 100 millions? La production agricole; — ainsi chaque producteur agricole est pour quelque chose dans le bonheur ou l'aisance du commerçant, et le commerçant, lui, ne peut rien ou presque rien pour le bonheur du cultivateur. — On doit donc supposer que la culture de la terre étant la seule source *réelle* du revenu et du bien-être général, elle a droit à une protection toute spéciale de la part du gouvernement, et que toute partialité en faveur du commerce et de l'industrie subsistant, sa part au budget excède au moins 200 millions qu'elle lui rendra avec usure; — disons de suite qu'il s'en faut de plus de 198 millions qu'il en soit ainsi, et que le budget de l'agriculture proprement dit, ne dépasse pas 2 millions; ce serait à ne pas le croire, si cela n'était officiel.

Tout débouché extérieur qui est ouvert au commerce, donne toujours lieu à une réciprocité entre les nations civilisées. — Le peuple le plus adroit ou le mieux administré est celui qui vend plus qu'il n'achète. Or, le peuple français étant reconnu comme le plus spirituel de la terre, les traités de commerce avec les grandes puissances ont été faits de telle sorte, qu'il pourrait se prétendre le plus mal administré !!!

Tout débouché intérieur s'ouvre sans compensation à la charge de l'industrie nationale; nous devons donc rechercher celui-là avant tous les autres, et celui-là l'agriculture peut seule l'élargir incessamment à mesure qu'en se perfectionnant, elle répand le bien-être, l'aisance et le goût du confortable. Donc, si nous voulons améliorer le commerce, commençons par améliorer l'agriculture; dans un chiffre de consommation générale, ou si on aime mieux de commerce intérieur, le degré d'amélioration des cultures peut servir à peu près exactement de moyen de classement. Ainsi, un Breton de l'intérieur consomme un, un Vendéen consomme deux, un Normand consomme trois, un Belge quatre, un Anglais cinq ou six. — Si laissant un moment de côté les lois rationelles de la transition, nous pouvions en améliorant la culture donner au cultivateur breton les moyens de sextupler son revenu et par suite ses besoins, nous aurions rendu au commerce

en général un service plus réel, et nous lui ferions plus de bien
que tous les traités de commerce ne lui en feront en cent ans.

L'amélioration en agriculture est donc et doit être le but de
tous nos efforts; jusqu'à présent nous avons eu pour moyen les
comices agricoles, les sociétés d'agriculture, les fermes modèles,
les ouvrages spéciaux, et le génie de quelques Mathieu Dombasle,
grands et petits; c'est beaucoup sans doute; mais à côté des
améliorations qui progressent lentement, parce qu'elles ne pren-
nent pas le mal dans sa racine, il y a des réformes utiles, pro-
fondes, et cependant réalisables selon nous; — ces réformes
nous conduisent à examiner le droit naturel de l'homme, le
droit qu'il possède en naissant, et que nous traiterons non point
en légiste, Dieu nous garde d'invoquer le Digeste à propos
d'agriculture, mais en homme de conscience, et si nous le pouvons en homme de bon sens, — ce sera l'objet premier du
chapitre suivant.

CHAPITRE II.

DU DROIT NATUREL.

Dieu en créant l'homme lui a donné le droit imprescriptible de vivre en travaillant ; et vivre comme l'a voulu Dieu dans sa bonté infinie, égale pour toutes ses créatures, c'est jouir des biens qu'il nous a donnés. — Dans l'état de barbarie, le mieux partagé c'est le plus fort, c'est le peuple ; dans l'état de civilisation c'est le plus instruit, le plus adroit, celui qui est placé sur un échelon élevé de l'échelle sociale ; sans doute la civilisation est préférable à l'état de barbarie ; mais la civilisation dont les conséquences ne sont acceptées que parce qu'elles sont accessibles à tous, la civilisation ne saurait durer qu'autant que les riches seront les *patrons* des pauvres dans la bonne et noble acception donnée à ce mot aux beaux jours de la république romaine.

Dans une troupe de voleurs, qu'on me passe cette comparaison, le droit absolu de commander est conféré à un seul, à la condition qu'il guidera, conduira et surtout nourrira la troupe. — Est-ce que l'état de la société serait moins avancé en raison ou en logique? — Il y a le propriétaire et le prolétaire; il n'en peut être autrement; mais si tout ce qui possède, tout ce qui est quelque chose, les riches enfin veulent la conservation d'une inégalité qui les favorise, il faut qu'ils fassent vivre le prolétaire; c'est une obligation légale, naturelle, c'est plus encore, c'est l'obligation de l'inflexible nécessité qui domine tout : les lois, les peuples et les rois.

La terre est par ses produits la première source du bien-être matériel des peuples; l'usufruit de la terre appartient à tous.

Le peuple a donc le droit d'exiger que toute terre soit cultivée. — Cela n'est pas difficile à prouver. Si on n'avait pas le droit de forcer un propriétaire à cultiver ou à faire cultiver ses terres en jachères, on n'aurait pas plus le droit d'exiger l'ensemencement de celles qui sont déjà cultivées, et de conséquence en conséquence, si nous n'avions, comme en Russie par exemple, ou en Angleterre qu'un petit nombre de propriétaires, il s'ensuivrait que ceux-ci auraient le droit d'affamer la France entière. — Donc, ne pas cultiver, c'est désobéir aux lois divines et ce devrait être une désobéissance aux lois humaines.

Toute terre, je le répète, doit être ensemencée ou plantée! Je ne demande pas mieux, s'empressera de répondre un optimiste; mais comment faire qu'il en soit ainsi?

Voici ma réponse :

Les terres en friche sont divisibles en deux parties :

1° Celles qui sont possédées par des propriétaires,

2° Celles qui appartiennent aux communes.

Je réserve un chapitre spécial aux biens communaux, et je livre au chapitre suivant mes observations sur les terres en friche appartenant aux particuliers.

CHAPITRE III.

TERRES EN FRICHE.

Tout propriétaire étant démontré devoir cultiver toutes ses terres sans exception, il conviendrait qu'une loi réglât cette obligation.

Suivant nous, cette loi devrait dire, avec tous les développements nécessaires :

Art. 1er. — Tout propriétaire devant l'usufruit du produit de ses terres à la consommation générale, est obligé de les cultiver ou de les faire cultiver dans leur entier.

Art. 2. — Toutes les fois qu'un propriétaire objectera que les terres qu'il laisse en friche ne sont susceptibles d'aucune culture, l'inspecteur d'agriculture qui sera nommé dans chaque arrondissement examinera les terres, reconnaîtra, s'il y a lieu, leur stérilité complète ; et c'est seulement sur le certificat d'un comité spécial, qui délibérera sur le rapport de l'inspecteur, que le propriétaire pourra recevoir une dispense.

Art. 3. — Il est entendu que la dispense ne pourra être accordée pour des terres qui, non propres à toute culture ordinaire, seraient susceptibles d'être plantées ou semées en bois résineux ou autres.

Art. 4. — Le délai accordé à chaque propriétaire pour se conformer à la loi est fixé à dix années ; mais à la condition que chaque année il y aura exécution ou commencement d'exécution pour un dixième.

Art. 5. — Un mois après une mise en demeure restée sans effet, il sera procédé, pour le compte du propriétaire, à l'adjudication publique de la location de ses terres à défricher pour une durée de vingt-neuf ans.

Art. 6. — Outre les charges résultant de l'enchère, le fermier adjudicataire sera tenu aux obligations du propriétaire lui-même, au défrichement par dixième, si mieux il n'aime en avancer le terme, et au paiement des impôts après dix ans et de toutes les charges communales et autres incombant de la propriété à lui affermée.

Art. 7. — Les terres ainsi affermées devant avoir pris, au bout de vingt-neuf ans, une valeur considérable due entièrement au travail du fermier, elles seront, à l'expiration du bail, partagées ainsi qu'il suit : trois cinquièmes au propriétaire ou à ses héritiers, deux cinquièmes au fermier ou également à ses ayant-droit.

Art. 8. — Les baux de terres louées pour être semées ou plantées donneront lieu à des conditions particulières établies de telle sorte que, sans déposséder le propriétaire pour une fraction plus forte que celle sus indiquée, l'adjudicataire trouve, dans une jouissance emphythéotique, un dédommagement à la mise de fonds primitive.

Je n'entrerai pas dans de plus grands développements, sûr d'être compris par la classe des lecteurs auxquels je m'adresse, quelle que soit d'ailleurs leur opinion sur la matière qui m'occupe.

Ma proposition me paraît d'une exécution facile ; une loi sur les terres en friche , élaborée avec le soin et la haute expérience qui préside aux actes du conseil d'État, trancherait d'un seul coup toutes les difficultés.

Mais je dois aller au-devant des critiques que mon projet fera naître, et répondre au reproche d'encombrement qui m'a été fait.

L'agriculture produira trop , m'a-t-on dit ; avec la meilleure foi du monde, et au lieu d'une amélioration, l'abondance amènera la misère.

A cela, je réponds que je me préoccupe avant tout du malheur des masses ; et que, selon moi, l'agriculture peut seule le réparer ; l'agriculture donne, en effet , le pain, la viande , le lin pour le linge, la laine pour les vêtements , le bois pour les constructions et les meubles , les fruits, le sucre , l'huile , le cuir des bestiaux , le bois de charronage , les moyens de transport , les chevaux pour l'armée , le bois de marine, et en un mot tout ce qui constitue la force, l'aisance et le bien-être matériel. Avec l'aisance, l'éducation ; avec l'éducation, la réforme des vices, la morale, les beaux-arts ; et, ma foi, lorsque trente millions de Français qui souffrent auront tout cela , je serai peu préoccupé de ce que les autres verront un peu diminuer leur superflu.

CHAPITRE IV.

BIENS COMMUNAUX EN FRICHE.

Le partage des biens communaux est, à notre avis, la plus grande faute sociale qui ait pu se commettre depuis bien des années : — c'est une faute d'autant plus déplorable, qu'elle est irréparable sur beaucoup de points. —Selon nous, les communaux sont le bien de tous, et le bien de tous est nécessairement le bien des pauvres; par le partage on en a fait exclusivement le bien des riches. — Au lieu de s'en servir pour niveler, s'il était possible, les inégalités de fortune, on en a fait usage pour les rendre plus choquantes. — Si la légitimité de la propriété est incontestable en bonne politique, il n'est pas moins vrai que chaque homme a des droits égaux à ce qui n'appartient à personne en particulier.—Ainsi, je le répète, non-seulement le partage s'est fait d'une manière déplorable, puisqu'il a eu pour résultat d'augmenter le patrimoine des riches à la presque exclusion des pauvres, mais il est déplorable, en dehors même de tout mode de partage.

Les communaux devaient être et rester le patrimoine des pauvres ; en trouvant moyen de les cultiver, et tôt ou tard la raison humaine en fût venue à bout, on s'assurait une source féconde de revenu, un moyen puissant pour éteindre la mendicité dans toute la France, et que rien ne pourra remplacer. — Tout revenu de commune diminue d'autant les impôts à percevoir ; supprimez les revenus, et vous augmentez les impôts, vous rendez le gouvernement impossible, quel qu'il soit, en désaffectionnant les masses. — Je sais qu'on me répondra que cette observation spéciale roule sur une question de bonne foi, et que dit le propriétaire qui a profité des partages jusqu'à concurrence de 300 fr. de rente, en verser plus tard 150 fr. dans une caisse des pauvres, il aura encore 150 fr. de boni, et qu'en réalité il ne donnera rien. — Cela est vrai ; mais croyez-vous que les détracteurs perpétuels de tous les gouvernements passés, présents et futurs vous tiendront compte de ce calcul. — Ce serait se tromper étrangement; ils oublieront bien vite le boni de 300 fr., ne verront en réalité qu'une charge annuelle de 150 fr. qui retombera de tout son poids sur le gouvernement, transformée en plaintes et en murmures perpétuels sur les impôts écrasants; — croyez-vous de bonne foi que les détracteurs quand-même dont je veux parler, lorsqu'ils comparent les budgets de 1800 et de 1840, tiennent compte de l'accroissement de la richesse particulière? Non ; vous savez ou nous savons tous le contraire; mais nous avons détruit ou nous sommes en voie de détruire le remède à appliquer. Il n'y avait qu'un bon système financier de communes qui pût remédier à cette situation. — Si on avait pu faire, et nous croyons que cela eût été facile, que les communes pussent se suffire à elles-mêmes pour tout ce qui tient à leurs besoins, au culte, aux chemins, à la force municipale, à l'instruction et à l'extinction de la mendicité, le budget général de la France eut

été singulièrement simplifié au profit moral de nos gouvernements successifs.

Il faut donc remédier immédiatement au mal fait, et empêcher
le mal qu'on veut faire.

Pour remédier au mal fait, c'est fort difficile ; et je ne vois que
la création d'une taxe spéciale sur les biens déja partagés, taxe
dite des pauvres, appliquée spécialement et à perpétuité aux
besoins de la commune, et que la mauvaise foi ne pourrait con-
fondre plus tard avec les impôts votés par les chambres. — Le
système des oppositions systématiques, et on comprend que je
parle seulement de celles-là et non de celles qui veulent améliorer
de bonne foi; leur système étant, disons-nous, de dénaturer tout
ce qui tient à l'impôt, il n'y a qu'une grande netteté de vues et
une grande franchise d'exécution qui puisse faire contrepoids à
la situation des choses.

Ma proposition, répondra-t-on, n'est pas légale; cela est vrai,
mais qu'elle fasse partie d'une loi, et alors elle sera tout aussi
légale, tout aussi juste surtout, et peut-être plus que la taxe du
sel et certains impôts qui pèsent spécialement sur les classes
pauvres.

Pour le mal à faire, il ne suffit pas de démontrer que les
communaux ne doivent pas être partagés, il faudrait encore établir quel moyen il faut employer pour en tirer le meilleur parti
possible; car les communes n'ont d'aucune façon les moyens
nécessaires pour cultiver elles-mêmes.

J'indiquerais premièrement le moyen que j'ai développé dans
le chapitre III, et surtout des baux à des conditions qui s'aug-
menteraient tous les cinq ans.

Ainsi, une commune afferme en plusieurs lots 500 hectares
pour vingt-neuf ans. — Le prix de fermage augmenterait de 1 ou
2 francs tous les cinq ans; je suppose le bail fait à raison de 2 fr.
l'hectare, le fermier paierait au bout de cinq ans 4 fr., au bout
de dix ans 6 fr., au bout de quinze ans 8 fr., après vingt ans

10 fr., et après vingt-cinq ans 12 fr. — La commune aurait donc successivement 1,000, 2,000, 3,000, 4,000, 5,000 et 6,000 fr. de revenu, — puis au bout de trente ans, avec 500 hectares de terres défrichées et en culture, elle serait en position de tirer 15, 20 et peut être 25 mille fr. de rente. — Avec 20 mille fr. de rente, il n'est pas de commune qui ne puisse faire largement face à toutes ses charges, et par d'utiles dépenses contribuer au bien-être de tous ses habitants.

Mais les difficultés surgissent à chaque pas, et nous devons craindre qu'il soit difficile de trouver des fermiers disposés tout à la fois à défricher et à bâtir, et à meubler une terre de bestiaux.

Je réponds : 1° qu'il faut pour tout cela beaucoup d'argent sans doute, mais que d'une part de nombreux fermiers du Nord de la France répondront avec des capitaux et des mobiliers à votre appel;

2° Que les banques agricoles dont j'ai à parler dans un autre chapitre viendront en aide à nos cultivateurs bretons intelligents;

3° Que les écoles d'agriculture dont je parlerai aussi, ainsi que les fermes modèles fourniront de nombreux et bons sujets pour cultiver;

4° Enfin, qu'il faudrait nécessairement indiquer dans les baux dont j'ai parlé, que les bâtiments construits par le colon resteraient sa propriété à la fin du bail, et en outre que dans le partage à faire des terres cultivées, la portion sur laquelle les bâtiments seraient édifiés, serait exclusivement réservée au fermier.

Je crois que cet article réuni aux précédents compléterait toutes les garanties que le cultivateur doit exiger, et je crois aussi que lors qu'une loi fera au cultivateur une position sûre et lui donnera des garanties pour l'avenir, les cultivateurs intelligents se présenteront par centaines.

Je crois encore que s'il s'agissait de fonder une vaste société agricole pour l'exploitation de 2 ou 300 mille hectares de Bretagne, les capitaux ne manqueraient pas; je ne parle pas des capitaux philantropiques et des souscriptions généreuses, il ne faut compter sérieusement sur rien de tout cela ; mais que l'opération soit démontrée clairement être fructueuse, et l'argent des spéculateurs abondera.

A considérer l'opération dans son ensemble, elle peut promettre un magnifique résultat ; je hasarde les chiffres suivants que les hommes plus spéciaux pourront rectifier.

Frais d'établissement de 100,000 hectares.

1° Défrichement à raison de 130 fr. l'hectare. . . . . 13,000,000 f.

2° Frais accessoires, plantations, clôtures, cultures spéciales, préparation des prairies naturelles, même somme, ci. 13,000,000

3° Constructions à raison de 10,000 fr. par 100 hectares. 10,000,000

4° Bestiaux en cheptel à raison de 10,000 fr. par 100 hectares. 10,000,000

Total du capital. 46,000,000

Si nous ajoutons 4 millions de dépenses imprévues, fonds de roulement ; nous aurons donc à former un capital de 50 millions, qui, du reste, sera fourni par dixièmes au fur et à mesure de l'extension que pourrait prendre l'opération.

Maintenant, pour savoir si des capitalistes pourront se laisser séduire par les chances de l'opération, voyons quel sera le résultat final de l'opération à l'expiration des vingt-neuf années.— Aux conditions qui font la base de nos baux, soit avec les particuliers, soit avec les communes, la compagnie devra se trouver propriétaire des bâtiments, des cheptels et des $2/5^{mes}$ des terres ; or, en admettant une culture bien faite pendant vingt-neuf ans, les améliorations connues et à connaître, et l'augmentation successive des biens, je crois ne pas exagérer en portant à deux mille francs la valeur de l'hectare, bâtiments compris, sur 100 mille hectares, la compagnie en possédera 40,000, qui, à raison de 2,000 fr. chaque, représenteront un capital de 80 millions, ci . . . . 80,000,000 f.

   2° J'ajoute les plantations pour mémoire.   »

   3° Les cheptels au prix d'estimation 10,000,000

             Total 90,000,000

Il suit de là qu'en tout temps, et à quelque époque que l'opération pût avoir à se liquider, le capital serait toujours représenté par des résultats présents et futurs qui peuvent être considérés comme positifs.

Maintenant, si nous envisageons la question du produit annuel, nous pensons que, tenant compte de l'intérêt que la compagnie aura à défricher et à bâtir promptement, les terres seront non moins promptement affermées à leur valeur réelle, que nous porterons à 50 fr. par hectare pour la moyenne de vingt-neuf ans de location, et cela en sus du prix payé aux communes. Si les deux ou trois premières années sont un peu moins favorables, il est à considérer qu'une fraction seulement du capital social sera versée, et que le fonds de quatre millions réservé sera plus que suffisant pour compléter provisoirement un intérêt de 5 à 6 pour 100 des sommes versées. Adoptant donc le chiffre de 50 fr. par hectare, cela ferait, pour 100 mille hectares, 5 millions, soit 10 % du capital. Si ces calculs, qui sont tout-à-fait sommaires, étaient établis et justifiés par les hommes qui sont placés à la tête du progrès agricole, nul doute que l'expectative d'un intérêt de 10 % sans chance de perte, et la presque certitude d'un capital doublé au bout de vingt-neuf ans n'attirassent d'importants capitaux.

Au reste, nous n'attachons qu'une importance secondaire à cet aperçu, persuadé que, plaçant le colon dans de bonnes conditions, les communes trouveront dans les écoles d'agriculture et dans le nord de la France, des cultivateurs avancés dont l'exemple influera puissamment sur leur prospérité agricole , et , en outre, que ceux-ci trouveront dans un vaste établissement de crédit agricole, l'appui dont ils pourront avoir besoin.

Ainsi que nous l'avons déjà dit, nous traiterons séparément ces deux questions vitales , afin de ne présenter à nos lecteurs qu'un tout complet , du moins à notre point de vue.

Mais avant de quitter la question des biens communaux , examinée dans son rapport avec l'économie publique de la France , il nous faut aborder une grave question sans la solution de laquelle nos idées ne seraient encore qu'un vaste chaos. — On pourra nous dire : ce que vous dites est fort bon pour les communes qui possèdent 500 hectares ; mais il en est qui en possèdent le double , le triple ; il en est qui n'en possèdent que la moitié , que le quart ; il en est enfin dont un hectare produira plus que trois hectares dans une autre situation. — Or, en adoptant votre système , en le supposant réalisable et qui plus est réalisé , nous arriverons à avoir des communes fort riches, qui pourront faire face à toutes les nécessités et même à tout le superflu d'une bonne organisation ; mais en même temps nous aurons des communes qui seront à peu près et relativement aussi pauvres que ci-devant.

Cette question , fort grave en effet , ne peut, selon nous, être tranchée que par l'application d'une mutualité raisonnée entre les communes; il faut bien reconnaître, en effet, que rien de grand et de véritablement philantropique n'est possible sans la mutualité. — L'aumône n'est-elle pas une mutualité tacite entre le riche et le pauvre ; la centralisation dans le gouvernement, si elle n'allait pas trop loin, n'est-ce pas la mutualité ; tous les établissements de charité, toutes les bonnes actions qui se commettent au profit du prochain, ne sont-ils pas le résultat d'une solidarité, d'une espèce de mutualité dont la morale divine a placé le germe dans notre cœur ? La mutualité raisonnée peut donc seule, je le répète, trancher la grave ques-

tion qui nous est soumise. — Voici comment je l'entendrais :
le revenu de chaque commune serait vérifié et totalisé avec les
revenus de toutes les communes d'un même département. Peut-
être conviendrait-il que les revenus communaux d'un département fussent récapitulés dans un tableau général avec les autres départements de France, afin d'apporter une unité plus
grande dans l'application de la mesure que je propose ; mais
pour simplifier la question et pour rendre mes calculs plus in-
telligibles à mes lecteurs, je prendrai un seul département pour
point de comparaison. Je suppose que toutes les communes d'un
département donnent un revenu totalisé de trois millions ; si le département possède une population de 300 mille âmes, nous savons
déjà que nous pouvons disposer d'un revenu de 10 fr. par habitant,
et nous adoptons pour règle générale qu'une commune peut pos-
séder pour mille habitants 10,000 fr. de revenu. — Si, arrivant à
l'application, nous trouvons que la première commune dont nous
nous occupons possède 20,000 fr. de revenu , nous pouvons
lui en laisser 10,000 , et lui faire verser les 10,000 autres dans
la caisse mutuelle des communes ; mais je crois qu'il serait im-
politique qu'une commune riche ne profitât pas en partie de sa
position meilleure, de son administration plus habile ou plus
heureuse, quant à ses revenus. Ainsi, je lui laisserai un tiers
dans l'excédant de la moyenne générale , soit pour sa première
part. . . . . 10,000 fr.   »

Et pour son tiers dans son revenu supplé-
mentaire.   3,333   33

Total. . . . . 13,333 fr. 33 c.

Si notre moyenne a été bien établie , il est clair que le superflu
d'un certain nombre de communes sera tout-à-fait égal au dé-
ficit des communes plus pauvres ; mais comme nous laissons un
tiers du superflu aux communes riches , il devient évident que

les autres n'auront dans la répartition que les deux tiers de ce qui leur manquera; ainsi, pour deuxième exemple, une commune de 1,200 habitants devrait avoir 12,000 fr. de revenu; mais ses communaux sont peu importants ou peu productifs, et elle n'a de revenu que 8,000 fr., il lui manque donc 4,000 fr. pour atteindre la moyenne; mais elle ne peut, par les motifs que nous venons de déduire, avoir droit qu'aux deux tiers de ces 4,000 fr., soit 2,666 fr. 66 c.

Si, pour troisième exemple, son revenu est entièrement nul, elle recevra de la caisse commune les deux tiers des 12,000 fr. qu'elle pourrait avoir, soit 8,000 fr.

Je crois la question suffisamment expliquée; j'ai adopté pour base le revenu et la population, je ne vois guère de modification appréciable quant à la base du revenu; on pourrait peut-être prendre pour point de départ des répartitions, le nombre des pauvres de chaque commune, attendu que mon premier but est l'extinction de la mendicité; mais ce deuxième classement donnerait ouverture à tant de fraudes et à tant de chicanes pour être constaté utilement, que toutes réflexions faites, je me reporte à ma première base.

CHAPITRE V.

ÉCOLES D'AGRICULTURE.

Ce qui manque à l'agriculture bretonne pour être floris-
sante, ce n'est pas seulement de mettre en nature les terres
incultes, il lui faut encore des agriculteurs intelligents, des
capitaux, des baux à long terme, et une action inverse au
morcellement des propriétés; ces deux dernières questions ont
été traitées de main de maître, au congrès breton de 1843 ; les
deux premières restent à peu près intactes, et je commencerai par la première.

Les écoles d'agriculture sont loin d'être en rapport avec les
besoins de nos campagnes : l'éducation ordinaire, malgré les
progrès faits depuis douze ans, laisse encore à désirer; mais au
moins est-on à peu près sûr de trouver une école sur deux
communes, tandis qu'on ne trouve pas une école d'agriculture par département. Il me semble pourtant que les choses
sont renversées; l'éducation est pour nos paysans une source
de malheurs, je dirais presque de vices, et surtout de regrets,

lorsque l'accroissement de l'aisance ne suit pas la progression des idées. L'éducation, si elle était plus développée dans le sens compris par les citadins, ne montrerait au paysan un monde plus confortable, sinon meilleur, que pour lui faire sentir mieux encore l'impossibilité où il est d'y atteindre. — L'éducation actuelle lui crée des besoins, ne lui donne aucun moyen honnête ou sérieux de les satisfaire; ne lui laisse conséquemment que les regrets ou le découragement. — L'éducation chez le pauvre est le premier mobile d'une opposition innée; il sent que son sort ne s'améliore pas, il le sent plus vivement, plus amèrement, et c'est tout.

Totalisez toutes ces petites resistances, qu'en France on suce en quelque sorte avec le lait de la nourrice, et vous aurez le secret de nos turbulences nationales et de notre instabilité politique; car il faut malheureusement le reconnaître, nous sommes plutôt envieux et turbulents que sincèrement libéraux : il y a chez nous plus d'orgueil blessé que de patriotisme.

Je crois sincèrement, et si je me trompe, c'est avec une conviction consciencieuse, que l'éducation telle qu'elle est organisée en France, fait le mal. — Qu'on ne me suppose pas ennemi des lumières, on m'aurait mal compris : seulement, *au lieu de régénérer la matière par la pensée, je propose de régénérer la pensée par la matière;* et si je désire qu'il en soit ainsi, c'est au point de vue du bonheur de chacun. Je veux, avant tout, le bien-être, ensuite l'éducation pour en jouir avec discernement. A chacun le développement de l'intelligence, suivant l'emploi qu'il en peu faire. Et dans l'état actuel, si nos paysans ont été ignorants, c'est ce qui pouvait exister de plus heureux pour eux; et c'est en ce sens que je comprends le sens profond du verset *Beati pauperes spiritu, quia eorum est regnum cœlorum.* L'ignorance et la religion avec ses consolations sublimes ont seules pu leur faire supporter la misère avec résignation.

En développant d'abord l'aisance, vous développerez successivement l'intelligence, vous conduirez le cultivateur, d'échelon en échelon, jusqu'à l'amour des beaux-arts. Mais, en ce moment, à quoi bon l'amour des beaux-arts à un paysan qui vit de pain noir et est vêtu de guenilles?

Je ne parle pas des droits politiques; je ne comprends pas qu'on ait pu sérieusement en réclamer pour eux, à moins qu'on n'ait l'espoir d'en faire des instruments dociles de telle ou telle faction. Donc, pour rester conséquent avec mes idées, fausses ou vraies, je demande avant tout des écoles d'agriculture pratique. —Une forte subvention au budget, quelques votes de conseils généraux, des élèves payant, le plus petit nombre probablement, des demi-bourses, des trois quarts de bourse, et l'on arriverait. — Chaque élève travaillant doit amener un produit, si faible qu'il soit ; d'un autre côté, des écoles à la campagne coûteraient peu. Je porte le prix de chaque pension à 400 fr., et, déduction faite des sommes payées par les élèves, je réduis le chiffre moyen à 300 fr. Avec six millions votés par l'État, et quatre millions par les conseils généraux, on arriverait au but que je propose ainsi que les chiffres le démontrent.

Trois cents élèves par département, à raison de 300 fr., font 900,000 fr., et pour quatre-vingt-six départements coûteraient 7,740,000 fr.

Avec les 2,260,000 fr. restant, on ferait face aux locations de terrain, aux aménagements, aux constructions nécessaires et aux mobiliers des fermes dépendant des écoles; quand je dis qu'on ferait face, voici comment : il faudrait, par exemple, voter les dix millions à partir de 1846, et ne procéder, quant au nombre d'élèves, que par un cinquième ou un sixième, c'est-à-dire que les écoles réunies d'un département, ou la première école créée, admettraient d'abord 50 élèves; la deuxième année, 100 ; la troisième, 150, et ainsi de suite.

Conséquemment, l'excédant des recettes disponibles dépassant de beaucoup les deux millions dont j'ai parlé, permettrait les dépenses successivement nécessaires.

Les neuf millions, presque disponibles la première année, permettraient une dépense première de 100,000 fr. par département. Il est donc évident qu'au bout de dix ans, sinon avant, on serait arrivé au résultat proposé.

Quant à l'organisation intérieure de ces écoles, c'est une question dont la solution ne serait qu'un jeu pour quelques-uns de nos hommes spéciaux dans la matière. — A eux de décider par quelles graduations l'élève devrait passer pour arriver à être chargé de la direction d'une ferme. Je crois qu'ils devraient, en sortant de l'école où ils auraient passé trois ans, entrer chez les cultivateurs comme aides, afin de mettre leur instruction plus complètement en pratique. Puis, peut-être, devrait-on exiger d'un fermier un brevet de capacité et de moralité, comme pour l'exercice de certaines fonctions. La capacité et la moralité, dûment constatées, leur vaudraient de bonnes fermes et du crédit ; avec cela, l'aisance n'est plus ou ne serait plus qu'une affaire de temps.

Je n'entrerai pas plus avant dans cette esquisse, dont l'objet mériterait d'être traité par des écrivains plus habiles.

CHAPITRE VI.

———

CAISSE AGRICOLE DE BRETAGNE.

Si l'argent est le nerf de la guerre, avec non moins de raison, on peut dire aussi que l'argent est le nerf de l'agriculture.

Conseillez à un paysan de modifier son assolement, de doubler, de tripler ses bestiaux, d'en améliorer les races, de faire une large part aux prairies artificielles, de changer ses instruments de labour, il vous dira, en admettant qu'il comprenne votre conseil : « Votre conseil, notre maître, est parfait; mais » pour l'exécuter, il me faut ce qui me manque, de *l'argent.* »

C'est qu'en effet, là est le nœud gordien de tous les progrès un peu rapides : le cultivateur breton est pauvre, et, sans argent, que peut-il faire?

De là, l'idée généreuse de créer des banques agricoles; vingt projets ont été émis; pas un seul n'a eu même un commencement d'exécution; est-ce la faute des projets? Je ne me charge pas de juger cette question, par le motif que je n'ai pas eu l'occasion d'en lire un seul. — J'ai cru avoir des idées exécutables sur la matière, et je les écris. Si je venais à rencontrer une idée déjà émise, je dirais : *Honni soit qui mal y pense*, car je suis sincère.

Pour créer une banque ou caisse agricole, il faut :

1° Des capitaux, quinze ou vingt millions au moins;

2° Pour obtenir des capitaux, il faut offrir des bénéfices à peu près certains;

3° Pour réaliser des bénéfices, il faut prêter des capitaux avec ou sans garantie;

4° Si on prête avec garantie, hypothécaire je suppose, on continue de marcher dans l'ornière, car les capitaux ne manquent pas à ceux qui peuvent donner des hypothèques;

5° Si on prête sans garantie, les capitaux sont très-exposés, et, dans ce cas, pas de capitalistes à espérer.

Voilà les difficultés devant lesquelles on s'est trouvé tout d'abord, et je ne sache pas qu'on les ait encore résolues. Je vais essayer d'être plus heureux.

J'admets premièrement que la compagnie, formée avec statuts, autorisée par une loi, aurait le droit d'émettre du papier-monnaie, à l'instar de la Banque de France et des banques de Nantes, Bordeaux, Marseille, etc.

Ce serait une première cause de profit, et par conséquent un premier stimulant pour les capitaux intelligents.

J'admets secondement que les emprunteurs offriraient plusieurs sortes de garanties composant un tout satisfaisant, et donnant, en dehors de la puissance même du revirement, un intérêt de 5 %, par an. — J'arriverai à ces garanties tout à l'heure; mais, provisoirement, je les prends pour bonnes, et je présente par conséquent un deuxième bénéfice fort appréciable.

Les deux chances réunies pourraient présenter une certitude de 10 %; si je puis établir cela , nécessairement j'aurai prouvé que les capitalistes s'associeront à l'opération, en dehors même de toutes idées philantropiques, qu'il faut toujours, en pareil cas, et de peur d'erreur, compter *pour mémoire.*

D'un autre côté, il est non moins évident que si je démontre qu'on peut prêter aux cultivateurs à 5 % sans hypothèque, j'aurai rendu un immense service à l'agriculture.

Donc, arrivons aux garanties, qui sont la base de tout ce chapitre.

Les garanties sont de deux sortes : les unes sont morales, et les autres sont effectives ; je commencerai par les premières.

Dans chaque commune agricole, il y a de bons et de mauvais sujets; il y a les agriculteurs intelligents et ceux qui ne le sont pas. Si vous instituez un comité d'escompte par canton, composé de manière à inspirer toute confiance, vous arriverez facilement, et en peu de temps, à faire parmi les individus le premier classement, qui est la première base de mon travail.

– Vous arriverez à avoir, je suppose, cent têtes choisies dans un canton. — Ceci posé, combien, si l'on prêtait 100 fr. à chaque tête, doit-on penser qu'il se trouverait d'insolvables parmi mes cent cultivateurs choisis? Un, deux ou trois au plus par an. — Soit; — mais la compagnie ne doit et ne peut courir aucune chance de perte. — C'est pourquoi j'établis, avant tout, une solidarité relative entre tous mes emprunteurs, ou, si vous aimez mieux, mes emprunteurs me constituent entre eux une garantie mutuelle des prêts de la compagnie. — En même temps, j'établis un maximum pour cette solidarité, et si la moyenne que je crois être juste, et qui d'ailleurs peut être vérifiée, est réellement de une à trois pertes sur cent, ou de 1 à 3 °/₀ de perte sur le tout, j'établis un maximum de solidarité de 4 °/₀, qui doit suffire à couvrir la compagnie de toute atteinte. — Ainsi, je prête aux cultivateurs à 5 °/₀, sans garantie hypothécaire; mais je leur laisse une éventualité dont le maximum est de 4 °/₀. — Si nous mettons les choses au pire, l'argent leur coûtera neuf, et, dans l'état actuel des choses, je croirais réaliser encore une importante amélioration; si nous mettons les choses au mieux, l'argent ne leur coûtera que 6 °/₀. — Je dois faire remarquer, en outre, avant de passer à d'autres considérations, que mes trois ou quatre cultivateurs tombés en déconfiture, ne deviendront pas complètement insolvables, et qu'ils pourront payer les uns moitié, les autres le quart de leur dette, ce qui diminuerait d'autant les chances de la solidarité.

Il est un fait que je n'ai pas besoin de justifier longuement, c'est que dans la statistique, il y a beaucoup plus de gens insolvables que de voleurs; ainsi, par exemple, si nous avons établi que, sur mille cultivateurs choisis, il pourra se trouver trente à quarante insolvables par an, on peut ajouter, avec non moins de probabilité, qu'il n'y aura au plus que trois ou quatre voleurs sur le même nombre. — Partant de ce principe, et considérant qu'une caisse appelée à rendre d'aussi grands services, peut et doit obtenir tous les priviléges qui, par leur nature, ne blessent point les droits des tiers, je souhaiterais que des prêts fussent faits en nature, en bestiaux et instruments agricoles de choix, et que ces objets, jusqu'à remboursement de leur prix, fussent constitués en cheptel de fer, en se conformant en partie aux dispositions du Code Civil, articles 1821 et suivants.

Les propriétaires et les tiers n'auraient aucun droit de recours sur les cheptels ainsi constitués, qui resteraient la propriété de la compagnie jusqu'au remboursement du prix fait, qui serait en réalité la somme prêtée.

Il n'y aurait donc que la fraude ou le vol, de la part du fermier, qui pourraient priver la compagnie de sa garantie; mais nous devons faire observer encore qu'une vente clandestine de bestiaux serait assez difficile à opérer; tous les emprunteurs étant solidaires, exerceront nécessairement une surveillance efficace les uns sur les autres, et l'acquéreur lui-même, pouvant se trouver compromis, il deviendra presqu'aussi difficile de vendre que d'acheter une quantité de bestiaux sortant des habitudes ordinaires; — Non pas que j'aie l'intention d'interdire une vente partielle à mes fermiers emprunteurs, car le prêt deviendrait pour eux un motif de gêne perpétuelle; mais ils contracteraient l'obligation de remplacer à peu près; et je persiste à croire que, voulant seulement empêcher une vente frauduleuse, la surveillance mutuelle l'empêcherait dans beaucoup de cas. — D'un autre côté, la morale évangélique et les articles 379 et suivants du Code Pénal auront certainement aussi une grande influence sur leurs esprits.

Ces deux garanties, celle résultant de la solidarité et celle qui ressort de la constitution de tout ou partie du prêt en cheptel, peuvent être fournies dans l'état actuel des choses; mais pour les colons de terres en friche ou de communaux, elles peuvent s'augmenter de plusieurs garanties nouvelles que je vais développer par ordre.

1° Lorsqu'il s'agira d'élèves fermiers, sortant des écoles d'agriculture, les renseignements sur leur moralité et leur aptitude seront nécessairement plus complets et plus rassurants pour la compagnie.

2° Dans les deux chapitres IV et V, nous avons établi que les baux seraient de vingt-neuf ans, que les défrichements s'opéreraient successivement; conséquemment, si le droit au bail vaut le pair la première année, il présentera un boni la seconde, et un boni croissant successivement d'année en année.

Je demanderais donc que la compagnie, parmi ses priviléges, eût celui de pouvoir expulser le fermier insolvable, et de prendre son lieu et place vis-à-vis du propriétaire, en lui garantissant le loyer, et enfin eût le droit de placer un nouveau fermier. — Ce point admis, et j'avoue que je ne vois de lésion pour personne, pas même pour le propriétaire, qui aura un bon fermier au lieu d'un mauvais; ce premier point, dis-je, admis, il est évident que la deuxième location sera plus avantageuse et d'un prix plus élevé que la première; la différence paiera la compagnie par privilége, et le boni, s'il y en a un après le compte fait des intérêts et du capital prêté, vertira au profit des autres créanciers, s'il y en a, et du fermier ou de ses représentants, s'il n'a pas d'autres dettes.

3° Nous avons établi aussi que des bâtiments seraient nécessaires pour l'exploitation avantageuse des terres affermées, que ces bâtiments, édifiés par le colon, lui appartiendraient à la fin du bail. Il devrait donc être établi d'abord que le fermier pourrait être aidé par la compagnie pour la moitié ou les deux tiers de la somme nécessaire pour édifier, et ensuite que, soit à cause de cette dette, soit à cause du cheptel, soit enfin pour tout prêt fait par la compagnie, privilége lui serait accordé de plein droit sur les bâtiments édifiés.

Ce privilége, sans limite autre que le prêt, et sans bureau d'inscription, rendrait impossible tout prêt hypothécaire sur ces mêmes bâtiments, attendu le privilége d'un prêt même postérieur à l'hypothèque prise; mais je crois que cette interdiction serait un nouveau service rendu à l'agriculture, attendu que le système hypothécaire, tel qu'il est régi et tel qu'il est exécuté, est, par les suites qu'il produit, une des causes les plus incessantes de ruine pour les cultivateurs.

4° Enfin, nous avons encore posé en fait que le cultivateur aurait droit, à la fin de son bail, à deux cinquièmes dans les terres qu'il aurait mises en valeur, j'accorderais à la compagnie sur cette propriété éventuelle de deux cinquièmes un nouveau privilége de garantie ou de possession pour tout les cas d'insolvabilité ou de non remboursement pour quelque cause que ce soit, de la somme prêtée.

Ainsi, récapitulant les garanties données à la caisse agricole de Bretagne, nous trouvons.

1° Le choix entre les agriculteurs et les comités d'escompte.

2° La solidarité des cultivateurs avec maximum.

3° La création de nouveaux cheptels de fer.

4° Le droit exclusif et privilégié aux baux à courir.

5° Le privilége sur les constructions faites.

6° Le droit au partage des terres mises en valeur.

Il nous semble impossible que toutes ces garanties réunies ne donnent pas aux capitalistes toutes les garanties qu'ils peuvent désirer.

§ 2. REVIREMENT DE LA CAISSE.

Ayant admis que la caisse agricole de Bretagne reunirait 15 à 20 millions de capitaux produits par une émission d'actions, on peut trouver que relativement aux besoins qu'il s'agit de satisfaire, ce capital sera nécessairement insuffisant. Je crois utile de répondre d'avance à cette objection qui peut-être faite, en développant les moyen de revirement auxquels la caisse pourra avoir recours sans compromettre sa solidité et son crédit.

Le premier moyen est l'émission d'un papier monnaie pour un chiffre égal ou double du capital social. L'émission de la caisse agricole, comme celle de toutes les caisses qui se forment, présentera quelques difficultés dans l'origine, mais il y a plusieurs moyens de les vaincre.

L'échange des billets contre espèces ne pourra nécessairement avoir lieu que dans les chefs-lieux de départements, ou dans un lieu désigné comme le plus central, ou enfin dans les villes ou est placée la recette générale a cause des services qu'elle pourrait rendre.

Les percepteurs ayant à faire passer des fonds au chef-lieu, et les billets de la caisse étant remboursables au chef-lieu , ils pourraient au moins être invités à accepter ces billets en paiement, et même à les échanger toutes les fois que la situation de leur caisse le leur permettrait.

D'un autre côté, ces billets étant subdivisés en coupons de 100 fr; ils seraient d'une circulation plus facile et auraient moins besoin d'être échangés.

Les actionnaires de la compagnie, les comités d'escompte de chaque canton, les propriétaires influents qui patronneraient une semblable fondation, aideraient puissamment par leur concours et leur influence à la circulation de ce papier.

Enfin, le moyen le plus puissant serait que tous les fournisseurs et marchands l'acceptassent sans difficulté.

Le moyen pour vaincre la répugnance de quelques-uns serait bien simple, selon moi : ce serait de donner une liste imprimée de tous les récalcitrants aux emprunteurs, fermiers, actionnaires, et à toutes les personnes enfin s'intéressant directement ou indirectement au succès de la compagnie, en les priant de s'abstenir d'acheter chez les marchands désignés, ou bien encore, pour éviter tout ce qui pourrait ressembler à des représailles , on pourrait retourner la question et faire imprimer la liste des marchands et fournisseurs adhérents à ce mode de paiement, et les recommander tout particulièrement et exclusivement aux nombreux clients et partisans de la compagnie.

Dans un cas semblable, et quelles que soient les idées rétrogrades d'un pays en matière de crédit public, le plus fort finit toujours par l'emporter, et dans l'espèce, le plus fort serait évidemment la compagnie patronnée par tout ce que la Bretagne compte d'hommes éclairés.

La circulation une fois admise, doublerait ou triplerait les ressources sociales ; mais cela ne suffirait pas encore, et il faudrait employer d'autres moyens non moins efficaces.

1° La caisse agricole pourrait devenir la caisse d'épargne de toute la Bretagne, soit parcequ'elle offrirait les mêmes conditions et tout autant de garanties, soit parce qu'elle ne limiterait pas le chiffre des dépôts à 3,000 fr. Toutefois, vu le danger des dépôts à découvert dans les temps de crises financières, je demanderais qu'il fût établi deux catégories d'intérêts, par exemple on accorderait 4 % pour les dépôts de 3,000 fr. et au-dessous, et 3 % seulement pour les dépôts à temps non limités à l'avance et dont on pourrait craindre d'avoir à faire le remboursement en tout temps après un avertissement de 15 jours ou un mois. — Ceci m'amène à une autre distinction. Tout depositaire qui ne serait remboursable qu'après un avertissement de 6 mois, devrait aussi jouir des avantages de l'intérêt à 4 %.

2° La caisse agricole pourrait aussi négocier aux capitalistes au taux de 4 p% les obligations fort longues d'échéance de son portefeuille. — Dans les premières années il y aurait nécessairement tâtonnement pour ces sortes de negociations, afin de ne pas sortir plus de papier que la compagnie n'en pourrait rembourser facilement à échéance, mais insensiblement elle arrivera à savoir sur quelle exactitude de remboursement elle peut compter, et aussi quels renouvellements de prêts pourront être demandés par les capitalistes eux mêmes.

Ainsi, pour mieux expliquer ma pensée par des chiffres, si la compagnie négocie aux capitalistes 20 millions de papier, j'admets qu'un quart des obligations ne sera pas remboursé immédiatement à l'échéance, et que la compagnie devra opérer elle-même son recouvrement, en mettant à profit les garanties privilégiées qui lui sont réservées. La compagnie aura donc à rembourser aux capitalistes 5 millions, mais pour qui connaît ces sortes d'opérations, il faut admettre encore que la moitié des capitalistes au plus aura le désir de rentrer dans ses fonds, et que l'autre moitié au moins demandera à l'échéance d'autres valeurs du portefeuille social, afin de toucher un nouvel intérêt de son capital. Si nous admettons cette proportion, la caisse aura à rembourser au plus deux millions cinq cent mille francs, et comme les recouvrements devront se faire tôt ou tard, il s'opérera nécessairement au bout d'un an ou deux une navette, qui fera que la caisse recevra d'une main ce qu'elle paiera de l'autre. En outre, nous avons démontré que la compagnie possédait des ressources plus que suffisantes, pour faire face à ces remboursements.

3° Lorsque la compagnie verra son crédit bien et dûment établi, elle pourra accorder, moyennant capital, des rentes viagères progressives à l'instar des grandes compagnies d'assurances, telles que la *Royale*, la *Générale* et l'*Union*. En offrant les mêmes garanties, elle pourra donner une rente plus élevée, parce qu'elle tirera de ses fonds 5 %, et par conséquent elle pourra obtenir la préférence exclusive pour ces sortes d'opérations, qui sont destinées à prendre tôt ou tard un grand essor.

Je crois avoir à peu près tout dit sur les caisses agricoles, et notamment sur celle que je souhaite à la Bretagne. J'ai démontré le profit des capitaux pour en avoir : les garanties pour les conserver, l'usage des capitaux et les moyens de revirement, enfin tout ce qui compose les éléments d'une caisse.

J'ai négligé seulement quelques petites questions usuelles de détail, que tout le monde connaît et comprend, et qui eussent surchargé inutilement le cadre restreint de cette brochure.

Maintenant, si nous récapitulons l'ensemble de mon travail,

je crois avoir démontré que la prospérité nationale reposait tout entière, ainsi que le bonheur du peuple, dans les progrès agricoles.

Que les biens communaux pouvaient seuls amener l'extinction de la mendicité.

Que les écoles d'agriculture devaient opérer sur une plus grande échelle, afin de fournir les sujets intelligents qui seront les instruments du progrès.

Et enfin, j'ai démontré la possibilité du crédit agricole sans lequel rien n'est possible.

Bien ou mal remplie, ma tâche est donc terminée pour ce qui concerne cette partie importante de mon petit livre, et j'aborderai dans le livre suivant un autre ordre d'idées en matière d'économie politique.

Je désire, comme pour ce qui précède, que l'intention au moins justifie le résultat.

LIVRE DEUXIÈME.

CHAPITRE Ier.

CAISSES DE RETRAITES DES TRAVAILLEURS.

Comme nous avons eu occasion de le dire dans notre Introduction, la question des caisses de retraites des travailleurs est mûre : elle a occupé récemment et occupe encore sans doute, un comité spécial composé des hommes les plus honorables de France, c'est déjà un immense progrès. — Ce comité a émis un plan qui constitue une haute amélioration sociale ; mais le dernier mot est-il dit, le dernier progrès est-il accompli sur cette importante question ? Nous ne le pensons pas.

Le projet laisse l'épargne libre et constitue une certaine rente au bout de tant d'années, à celui qui aura déposé soit tous les ans par annuités, soit en une seule fois, une somme déterminée à l'avance. **En outre, une somme est prévue pour les derniers devoirs à rendre, et enfin la femme est autorisée à se constituer une rente viagère sans avoir besoin de l'autorisation de son mari.**

Cette dernière disposition, appelée dans certains cas à affranchir la femme des suites de la mauvaise conduite de son mari, me paraît un progrès extrêmement heureux : mais tout en rendant hommage à ce que le projet contient d'excellent, je crois devoir développer un système différent, ne fût-ce qu'afin que toutes les idées possibles, bonnes ou mauvaises, soient débattues avant l'adoption d'une loi définitive.

Je crois premièrement que l'épargne volontaire n'apportera qu'un bien faible remède aux maux qu'on voudrait faire disparaître. — Il est certain que les bons ouvriers seuls profiteront de la loi : ce sont, par exemple, les dépositaires des caisses d'épargne à qui elle rendra certainement un grand service ; mais la loi ne va pas au-delà, et il faut bien reconnaître que sauf de très légères exceptions, ceux qui portent leurs économies à la caisse d'épargne, comme ceux qui profiteront de la nouvelle loi, ne sont jamais, dans tous les cas, embarrassants dans leur vieillesse à l'Etat; conséquemment l'amélioration ne porte en réalité que sur la fraction de la nation qui a le moins besoin d'être améliorée.

D'un autre côté, pour être juste avec tout le monde, nous devons déclarer que les assurances sur la vie donnent à peu près les mêmes résultats, sauf la question des frais qui, on doit l'espérer, seront moins élevés dans le projet dont je m'occupe. Les assurances offrent même des conditions et des contrats plus variés, et par conséquent de nature à satisfaire à plus de besoins. Le cadre de cet écrit ne me permettant pas de consacrer un chapitre spécial à ces institutions, je crois néanmoins devoir leur donner quelques lignes.

Ces institutions sont de la plus haute utilité, non-seulement pour les particuliers, mais aussi pour le gouvernement, à la stabilité duquel elles associent des millions appartenant à des milliers d'individus. Les assurances sur la vie possèdent en Angleterre 15 milliards de fonds publics, 15 milliards dont l'Etat n'a point à craindre le remboursement, 15 milliards qui ne viennent jamais allourdir les cours et mettre en péril, par une dépréciation subite, le crédit public. Qui peut dire où en seraient les finances d'Angleterre, les plus belles du monde, sans ces 15 milliards? et sans sa position financière, quelle serait aujourd'hui la position politique de cette nation?

En France, les assurances sur la vie sont appelées à produire les mêmes effets; mais pourquoi sont-elles si peu protégées du gouvernement, tandis qu'il devrait tout faire pour leur venir en aide? Il a fallu quatre ans pour obtenir l'autorisation de l'assurance sur la vie dite l'*Équitable!* Etait-ce mauvais vouloir ou négligence de la part du pouvoir? Je ne trancherai pas cette question; mais n'est-il pas déplorable que, dans un pays civilisé, le gouvernement mette quatre ans à accepter, de guerre lasse en quelque sorte, le plus grand service qu'on ait pu lui rendre depuis qu'il existe, et ce fait n'est-il pas de nature à dégoûter de toutes les améliorations?

Quoi qu'il en soit, il existe, heureusement pour notre avenir, des assurances sur la vie : les unes sont à résultats fixes; les autres sont vouées au système mutuel.

Les unes et les autres ont droit à l'estime publique, et, en commençant par celles à prime, je rendrai hommage à la loyauté des compagnies, telles que l'*Union* et autres, qui, sans y être obligées par les conditions de leurs polices primitives, ont admis leurs assurés aux partages de leurs bénéfices, dont ils profitent dans une proportion de 25 %, soit en voyant les résultats espérés augmenter, soit en voyant diminuer la prime à payer.

Je lis aujourd'hui même, dans un journal parisien, un éloge de l'*Union* qui, bien que mérité, peut d'un seul coup nous fixer sur les deux systèmes. Voici l'exemple cité à l'occasion du partage de 25 °/₀ dans les bénéfices : « Un employé, âgé de trente-deux ans, qui a fait assurer en 1830, pour le recevoir à l'âge de soixante ans, un capital de. . . . . . . 20,000 fr.,

a participé dans la 1ʳᵉ répartition pour 1,585 ᶠ

— dans la 2ᵐᵉ — pour 895

— dans la 3ᵐᵉ — pour 2,450

— dans la 4ᵐᵉ — pour 2,217

$\Big\}$ 7,147

Ensemble. . . . . 27,147 fr. »

» Cette assurance qui est déjà augmentée de 35 °/₀, n'est » cependant parvenue qu'à la moitié de son terme, et sera » comprise dans plusieurs autres répartitions. »

Laissant l'avenir de côté, je ne saurais accorder trop d'éloges à la compagnie qui, n'étant tenue qu'à 20,000 fr., consent à en payer 27,714 à son assuré; mais en même temps, il m'est impossible de ne pas reconnaître que la *Mutualité* donne, elle, 100 °/₀ dans ses bénéfices, et qu'ainsi, au lieu de 27,000 fr., l'assuré mutuel, placé exactement dans les mêmes circonstances, eut touché, toute proportion gardée, 48,000 fr., savoir : 20,000 fr. pour le capital attendu, et 28,000 fr. pour les bénéfices que l'*Union* reconnaît avoir faits, puisqu'à raison de 25 °/₀, elle fait participer son assuré à 7,000 fr.

Cette réflexion fort simple tranche d'une manière décisive la question, et donne incontestablement la victoire au système mutuel.

La cause qui a empêché un plus grand développement de ces associations, est la tacite permission accordée par le gouvernement aux premières sociétés créées, et qui, en grande partie, ont fait de nombreuses dupes, et dégoûté les partisans les plus fervents de l'assurance.

Actuellement, ce qui nuit à leurs progrès, c'est le droit de 5 %, à prélever au moment de la signature de police, et qui double au moins le versement de la première année. Ce droit donne une difficulté immense aux agents de ces compagnies, et nous insisterions pour l'adoption d'un droit de 5 %, à percevoir seulement sur chaque annuité, sauf, pour dédommager la maison gérante à lui laisser prélever 5 %, sur les répartitions.

On ne m'a encore signalé contre ce projet aucune objection qui m'ait paru sérieuse, et je crois ma réclamation fondée : son adoption doublerait les résultats de ces compagnies.

Cette petite excursion achevée, nous rentrons dans notre sujet d'autant plus à propos, que ce que nous avons à dire porte tout à la fois sur le projet de MM. Molé, Bignon, Chevalier, etc., et sur les assurances sur la vie en général.

L'épargne pour être efficace doit être obligatoire! Les domestiques, et je commence par eux, parce que ce sont les clients les plus nombreux des caisses d'épargne; les domestiques, les ouvriers, les commis, les gens en place, les patentés, le soldat, par des moyens spéciaux que j'indiquerai, l'industriel, doivent être forcés d'économiser 20 fr. par an, depuis vingt ans jusqu'à cinquante-cinq. Cette somme, capitalisée avec les intérêts, donnerait 1,800 fr.; puis, l'extinction pendant trente-cinq ans étant d'à peu près moitié, doublerait ce capital et le porterait à 3,600 fr., qui, en rente viagère, produiraient un revenu de 360 fr. Si l'on songe que les pauvres, placés dans les dépôts de mendicité, ne coûtent que la moitié de cette somme, nous acquérons déjà cette conviction qu'à cinquante-cinq ans il n'y aurait plus de pauvres, et cela précisément à l'âge où la pauvreté est un malheur devenu irréparable.

Dans l'application maintenant se présentent deux systèmes, celui qui consiste à donner des rentes à ceux mêmes qui n'en ont pas besoin, et celui qui consisterait à fonder des colonies internes, des sortes de phalanstères ou de communautés libres, et au fond tout cela se ressemble, dans lesquelles ne viendraient que ceux qui n'auraient pas acquis d'autre moyen d'existence. Tous nos sociétaires ne seront pas forcément à la mendicité par cela seul qu'ils arriveraient à cinquante-cinq ans, de sorte que le revenu de chaque arrivant à la communauté pourrait encore être doublé. D'un autre côté le gouvernement, malgré les motifs qui militeraient en faveur de cette mesure, ne consentira peut-être pas à accorder un intérêt de 5 %; de sorte que le capital pourrait n'être que de 3,160 fr., et la rente de 316 fr. ou de 632 fr., au moyen de la dernière considération. Or, avec une rente de 600 fr. par tête dans une communauté, on pourrait avoir la vie la plus heureuse qu'un vieillard pauvre puisse souhaiter. Il serait logé, nourri et entretenu complètement, et l'on pourrait encore lui donner 1 fr. par semaine pour ses menus plaisirs.

Nous dirons quelques mots de l'organisation d'une semblable communauté ; avant tout, nous devons démontrer la possibilité de réaliser l'épargne forcée.

Pour les domestiques, les ouvriers et les gens à gages, faites l'économie par semaine et rendez les maîtres responsables. Que chaque ouvrier ait son livret constatant qu'il est au pair de ses épargnes, et qu'il ne soit admis nulle part sans cela. S'il est malade, s'il manque d'ouvrage, si enfin il reste quelque temps sans pouvoir économiser, qu'il soit astreint à un dépôt de 10 c. par jour lorsqu'il recommencera à travailler, et cela jusqu'à ce qu'il se soit remis au pair. Puis, en même temps que vous rendez le maître responsable, autorisez-le à retenir jusqu'à due concurrence. Comme en toute innovation sérieuse, je vois des difficultés sans doute ; mais je ne trouve l'impossibilité nulle part.

Appliquez le même système aux employés de toute espèce, aux commis de commerce, aux commerçants eux - mêmes, à tout le monde enfin si voulez. L'épargne forcée ainsi comprise, deviendra un véritable impôt peut-être, mais un impôt contre lequel il sera impossible de murmurer, parce que chacun en profitera.

Il y a sur ce sujet tout un monde d'observations à soulever, et je n'ai l'intention que de faire une esquisse rapide.

On peut encore faire trois classes d'économisants : une classe à 20 fr., une classe à 40 fr. et une à 80 fr. par an ; on peut créer entre 20 et 40 fr. une classe intermédiaire à 30 fr.; tout cela demande des études approfondies quand à l'exécution, sans doute ; mais je crois avoir démontré que tout cela est possible. On peut d'ailleurs procéder par catégories et entrer successivement dans les voies progressives. Que l'on commence par les ouvriers et les domestiques : si l'essai réussit, tout le monde y passera.

Si nous revenons à l'application du système des communautés, nous devons reconnaître qu'on ne pouvait leur adresser qu'un seul reproche qui n'était pas toujours fondé, c'était de soustraire un grand nombre de citoyens sains et valides à la dette de travail que chacun contracte en naissant. Lorsqu'il s'agit de vieillards, le reproche tombe de lui-même. Mais, va-t-on s'écrier, vous voulez donc encapuciner toute la France ? Je réponds que telle n'est pas ma pensée ; la colonie tiendra tout à la fois des communautés, des phalanstères, et en grande partie de l'hospice des ménages de Paris, l'*el dorado* de tous les vieillards pauvres. La religion est compatible avec toute la liber qu'on peut souhaiter : la colonie aura d'abord une église, mais elle aura aussi des salles de jeux, de recréations et de lecture. Chaque vieillard aura son petit jardin et son logement indépendants. Il pourra vivre à sa volonté, en commun ou isolément; il sera enfin ce que tous les petits rentiers sont, et surtout ce qu'ils pourraient être en combinant les ressources et la puissance de l'*union*.

Chaque membre de l'association devra quelques heures de travail à la communauté, chacun dans sa spécialité : de cinquante-cinq à soixante, on devra deux heures le matin, deux heures après midi; de soixante à soixante-cinq, trois heures seulement en tout. Après soixante-cinq ans, on ne devra plus rien.

Supposons maintenant une vaste propriété de cinq mille hectares à défricher; chacun devra défricher un quart de journal lui-même, s'il veut en jouir à titre de jardin. Dix mille pensionnaires défricheraient douze cent cinquante hectares en moins de deux ans, et, après chaque décès, la portion défrichée appartiendrait à la masse et serait administrée en commun. Les produits serviraient à payer d'abord l'intérêt du prix d'achat de la terre, et les bénéfices profiteraient à tous en profitant à la communauté.

Puis, si dix mille pensionnaires donnent chacun trois heures de travail à la communauté, que de choses ne fera-t-on pas? Avec des moyens beaucoup moins puissants, nos anciens religieux ont peuplé la France de mille chefs-d'œuvre d'architecture!!!

L'administration, comme nous l'avons déjà dit, serait l'œuvre de tous, sous la surveillance du gouvernement et des chambres qui interviendraient pour le cas d'urgence.

Chaque sociétaire aurait droit de choisir un administrateur sur cent, chargé de gérer les deniers sociaux, dans l'intérêt de la communauté, et d'en faire le meilleur emploi possible, dans l'intérêt de son bien-être.

De bons vêtements, une bonne table, l'église, les réunions, les jardins, les salles de lecture et les jeux de toute espèce, que peut désirer de plus un vieillard?

Si des gens qui ne connaissent pas le mécanisme des assurances sur la vie viennent à objecter que l'essai ne pourrait produire ses effets que dans trente-cinq ans, je répondrai que je n'ai indiqué qu'une catégorie, mais qu'il en peut être formé cent.

Ainsi, un enfant peut être assuré contre la pauvreté à cinquante-cinq ans, soit par une mise fixe et unique faite sur sa tête à sa naissance, soit par un commencement d'annuités qui peuvent prendre cours depuis sa naissance jusqu'à cinquante-quatre ans.

Un homme de vingt-cinq ans peut s'assurer, soit en payant l'arriéré d'un seul coup, soit en s'obligeant à une économie plus forte.

Les chances à tout âge ont une corrélation proportionnelle entre elles, et l'inégalité des chances est compensée par l'inégalité des versements; ainsi à tout âge on pourrait profiter, bien qu'avec des mises différentes, de tous les avantages qu'offrirait la colonie.

Enfin rien ne l'empêcherait de commencer par recevoir quelques petits rentiers, qui trouveraient, dans le bénéfice d'une vaste communauté, un bien-être que l'état actuel de la société ne peut pas leur offrir.

J'ai dû soulever des questions fort graves et d'une grande portée dans ce chapitre : celles-là seront comprises seulement par les hommes spéciaux; mais j'en ai traité de fort simples dont tout le monde peut se rendre compte, et dont l'application devrait être tentée; car, nous l'avons déjà dit, ce n'est pas tout que de manifester pour le peuple les sentiments les plus libéraux, il faut essayer quelque chose de décisif si l'on veut que le peuple croie aux bonnes intentions. Le moment est favorable, car il ne croît plus à rien, et il ne faudrait que quelques fondations utiles, quelques actes de vraie et sincère philantropie pour le ramener à ceux dont l'indifférence a excité ses méfiances, parce qu'il n'a cru et n'a dû croire qu'au parfait égoïsme de ceux qui possèdent.

CHAPITRE II.

RETRAITE DES MILITAIRES.

L'armée manque de vieux soldats, il y a unanimité sur ce point; mais la France ne fait aucune position, n'assure qu'une retraite dérisoire à ces vieux serviteurs, de sorte qu'un vieux porteur de chevrons est presque une curiosité dans un régiment.

Qu'on accorde à l'armée le monopole exclusif du remplacement, non seulement le remplacement sera réhabilité, mais les avantages mêmes du remplacement fourniront une position aux vieux soldats au bout de 30 ans de service.

Admettons un premier congé terminé à vingt-sept ans, un soldat pourra jusqu'à cinquante ans faire encore trois remplacements; n'en supposons que deux à deux mille francs. Il est évident, avant tout, que la somme ne pourra lui être remise, mais qu'elle sera inaliénable, et qu'elle figurera en son nom sur le livre de la dette publique. — Avec l'intérêt cumulé et progressif de quatre mille francs et les chances de mortalité combinées, notre soldat possèdera à cinquante ans une rente viagère de 800 fr., plus les 150 fr. de pension du gouvernement; à cinquante ans, par conséquent, il pourra vivre heureux partout, soit dans une colonie, soit ailleurs.

Autre moyen. — Il n'est pas absolument nécessaire que notre soldat ait 950 livres de rente à cinquante ans, puisque nous avons démontré qu'il pourrait vivre à moins dans une de nos communautés; il serait donc possible de lui faire, dans le cours de son service, quelques petites douceurs, et de consacrer, par exemple, soit à l'amélioration de sa paie, soit à celle de sa nourriture, une partie de l'intérêt de son capital.

Qu'un pas soit fait dans cette voie : le remplacement, récompense d'une bonne conduite, sera honorable ; la traite des blancs sera supprimée, et le métier de soldat pourra réellement devenir un état comme un autre. Alors l'armée aurait un tiers de vieux soldats ayant vu le feu, et dont la présence aurait une portée immense sur la valeur réelle de notre armée.

Dans ce siècle de positivisme, l'esprit guerrier disparaît de nos mœurs : le vieux troupier est devenu un mytthe ; notre bravoure se retrouve devant le feu de l'ennemi, mais après l'action nos soldats font leur temps, rien de plus. Qui sait si la mesure que j'indique n'arrêterait pas l'armée sur le bord de la pente? Qui sait ce que produirait sur l'esprit militaire de nos campagnes l'influence et l'exemple de nos vieux soldats rétraités? J'en attendrais, dans mon opinion tout le bien possible, et je crois qu'il serait digne de la gloire du maréchal Soult de terminer sa vie guerrière si bien remplie, par un dernier service rendu à son pays et que lui seul peut imposer en quelque sorte en l'appuyant de l'autorité de son nom.

Je terminerai ce chapitre par une dernière considération. Quelques chiffres peuvent seuls donner une idée de ce qu'on obtiendrait par la dépense sagement utilisée du remplacement.

Sur 80 mille hommes appelés annuellement, 10 mille se font remplacer à raison de 2,000 francs, dont moitié passe dans la poche des trafiquants de chair humaine, et les 4/5 de l'autre moitié dans les cabarets et ailleurs. Voilà donc une dépense de vingt millions par an qui ne produit rien. Si au contraire on ne gaspille pas cet énorme capital, 20 millions capitalisés chaque année, produiront au bout de 30 ans, avec les intérêts des intérêts à 4 $^o/_o$ onze cent vingt millions; puis, si nous doublons ce capital à cause des extinctions dont profiteront nécessairement les survivants, nous aurons en tout deux milliards deux cent quarante millions, produisant en rentes viagères à 9 $^o/_o$, plus de deux cents millions de revenu, pouvant donner une rente viagère de 400 francs *à cinquante mille deux cent vingt vieux soldats*, indépendamment de la retraite accordée par le gouvernement. Nous obtiendrions même un résultat plus colossal encore, en déclarant que la masse commune servirait seulement à compléter *six cents francs* de pension tout compris, parce que tous nos remplaçants ne resteront pas tous au grade de simple soldat, et qu'ils pourront avoir droit à une retraite plus élevée que celle de 150 francs.

Enfin, et sauf une multitude de modifications de détail, toujours est-il que le sort du vieux soldat serait assuré; et si nous envisageons la question au point de vue du gouvernement, deux cents millions de pensions à servir, dont il aurait le capital entre les mains, lui donneraient une force immense de plus en associant à son existence même celle de nos vieux soldats.

ERRATA.

Page 5, ligne 12, au lieu de *puls*, lisez *plus*.

Page 21, ligne 8, au lieu de *est nécessairement*, lisez *est nécessairement aussi*.

Page 32, ligne 9, au lieu de *d'uue*, lisez *d'une*.

TABLE.

www.ingramcontent.com/pod-product-compliance
Lightning Source LLC
LaVergne TN
LVHW021142200726
843510LV00001B/221